Die

Ruinen von Nanmatal

auf der

Insel Ponapé.

Vortrag,

gehalten am 1. Oktober 1874 in der geographischen Gesellschaft in Hamburg

von

L. Friederichsen,

Redakteur des Journals des Museum Godeffroy;

1. Secretair der geographischen Gesellschaft in Hamburg.

Die

Ruinen von Nanmatal

auf der

Insel Ponapé.

Vortrag,

gehalten am 1. Oktober 1874 in der geographischen Gesellschaft in Hamburg

von

L. Friederichsen,

Redakteur des Journals des Museum Godeffroy;
1. Secretair der geographischen Gesellschaft in Hamburg.

Die Basis meines heutigen Vortrages bilden die vor Kurzem hier eingetroffenen brieflichen Mittheilungen des schon seit 5 Jahren für das Museum Godeffroy in der Südsee reisenden Naturforschers J. Kubary. Es ist mir als Redakteur des Journals des Museum Godeffroy die Aufgabe zugefallen, Kubarys Forschungen mit den bereits vorhandenen Nachrichten vergleichen und bearbeiten zu können; das Resultat wird demnächst im 6. Heft des Journals publicirt werden und dürfte auch hier mitgetheilt zu werden verdienen.

Die Insel Ponapé (Puynipet, Bornabi oder Ascension) ist die grösste der zwischen 157° 54′ und 158° 30′ östl. Länge von Greenwich und zwischen 6° 43′ und 7° 6′ nördl. Breite gelegenen, zu dem Carolinen-Archipel gehörigen Seniavin-Gruppe. Sie ist nach meiner planimetrischen Berechnung ca. 7½ d. g. □Meilen gross, hat einen ungefähren Umfang von 13 d. g. Meilen und zählt nach Kubary ca. 2000 Einwohner.

Nachdem Ponapé zuerst im Jahre 1595 von Pedro Fernandez de Quiros gesehen und später identisch befunden worden ist mit dem Fanopé, von welchem Kadu*) berichtet hat und mit dem Felupet (Falupet), welches wir auf der im Jahre 1722 von dem auf Guajan lebenden Pater Jean Antoine Cantova angefertigten Karte der Carolinen verzeichnet finden, wurde die Insel am 2. Januar 1828 von Lütke, dem Commandanten der russischen Corvette »Seniavin« wieder entdeckt. — Im Jahre 1839 lief das englische Kriegsschiff »Larne« auf Ponapé an und vermass den Hafen von Roan Kitti; von weiteren wissenschaftlichen Forschungen seinerseits habe ich nichts in Erfahrung bringen können. — 1840 besuchte die französische Corvette »La Danaide« unter Führung des Capitain Rosamel die Insel; den von ihr gemachten Vermessungen verdanken wir eine Specialkarte der Seniavin Inseln, welche die Basis der englischen Admiralitätskarte No. 981 bildet. — Besonders bemerkenswerth sind die Nachrichten des Spaniers Francisco Michelena y Rojas, welche uns in seinem 1843 in Madrid erschienenen Buche »Viajes cientificos en todo el mundo, desde 1822 hasta 1842« überliefert worden sind und diejenigen des bekannten englischen Capitain A. Cheyne, dessen langjährigen Erfahrungen in der von ihm edirten »Description of Islands in the Western Pacific Ocean, north and south of the Equator, London 1852« verzeichnet stehen. Auch der im Jahre 1851 auf Ponapé errichteten amerikanischen Missionsstation verdanken wir in neuester Zeit interessante geographisch-ethnographische Originalberichte und die durch sie im Journal of the American Oriental-Society, im Missionary Herald und in Sillimans American Journal of Science and Arts publicirten Arbeiten der Missionaire Clark, Gulick und O'Connell verdienen volle Beachtung. — Am 18. September 1858 ankerte die österreichische Fregatte »Novara« auf ihrer Weltumsegelung im Hafen vor Roan Kitti auf Ponapé, aber der kurze Aufenthalt daselbst liess leider den an Bord befindlichen Gelehrten keine Zeit zu wissenschaftlichen Beobachtungen und Sammlungen. Joh. Kubary war glücklicher! Ihm gelang es während eines mehrjährigen Aufenthaltes ein reiches wissenschaftliches Material einzuheimsen, von dem ich heute denjenigen Theil zur Besprechung gelangen lassen will, welcher sich auf die merkwürdigen Ruinen von Nanmatal bezieht. Das Interesse, welches diese Steinbauten schon seit lange in Anspruch genommen haben, lässt mich hoffen, dass die folgenden Mittheilungen um so willkommener sein werden, als sie die Zweifel über das »wann«, »wozu« und »von wem« diese Riesenbauten aufgeführt wurden, zu lösen scheinen. Wenn wir auch nicht in der Lage sind, das Jahrzehnt oder das Jahrhundert bezeichnen

---

*) Ein Eingeborner der Insel Wolea, welcher am Bord des Rurik unter Befehl Kotzebues als Dolmetscher diente.

zu können, in welchem die Ruinen von Nanmatal erbaut wurden, so müssen wir es doch als einen Fortschritt betrachten, durch Kubary constatirt zu sehen, dass sie das Werk einer der gegenwärtigen Generation weit überlegenen Race von Menschen sind, über deren Gedächtniss viele Zeitalter dahingegangen sind, deren Spuren wir aber in der durch Kubary mitgetheilten Tradition verfolgen können. Die Vermuthung, dass die fraglichen Ruinen Reste der Befestigungen spanischer Piraten bilden, ist gänzlich beseitigt, und es kann kaum noch dem Zweifel unterliegen, dass wir es mit einem in culturhistorischer Hinsicht höchst interessanten Urbau zu thun haben, welcher sich im Wesentlichen als Tempel und Häuptlingsgräber entpuppt.

Die Ruinen von Nanmatal, auf der Ostseite von Ponapé, auf der kleinen Insel Tauacz (Tauatsch) oder Toman, zwischen dem Matalanim und Bonatik (Lod) Hafen belegen, ähneln den auf der kleinen Insel Lela (Leilei) an der Ostseite Kusaie's (Ualan oder Strong Insel) befindlichen Steinbauten und tragen wie diese in allen ihren Details ein hohes Alter zur Schau.*) Sie bilden einen Complex von aus 5 und 6seitigen Basaltsäulen aufgethürmten, grösstentheils vierseitigen Umzäunungen, welche stadtartig angelegt sind und eine Oberfläche von 500,000 engl. □ Yards**) = 417,926.53 □ Meter = 41,8 Hectaren bedecken. Der westliche Rand lehnt sich bogenförmig an die Insel Tauacz an, und von hier aus breiten sich die einzelnen viereckigen Steinbauten strahlenförmig aus, bis sie von zwei Reihen parallel nach Südwesten verlaufender Vierecke umgrenzt werden. Die einzelnen Vierecke sind entweder Quadrate von 20 bis 30 Yards (18,3 bis 27,4 Meter) Seitenlänge, oder Parallelogramme von 45 bei 10 bis 150 bei 30 Yards Seitenlänge, oder Combinationen dieser Formen. Trapeze kommen nur ausnahmsweise vor. Durch 10 bis 80 Yards breite Wasserstrassen getrennt, bildet jedes Viereck für sich eine Insel. Die Bauart ist roh und beschränkt sich auf Zusammenlegen des von der Natur fertig gelieferten Materials***) nach Art der cyclopischen

---

*) Die soeben erschienene No. 5 des von Cl. Markham herausgegebenen Geographical Magazine 1874 berichtet von auch auf der südlich von Ponapé gelegenen Insel N'gatik gefundenen Steingräbern.

**) 1 Yard = 0,91438348 Meter.

***) Nach Gulick wurde das Material zum Theil im nördlichen District »Nut« gebrochen. Noch jetzt finden sich am Fusse der dortigen Berge Reste solcher Basaltsäulen. — Michelena y Rojas hält den Stein, aus welchem der Bau errichtet ist, irrthümlicher Weise für Granit, und glaubt in der Regelmässigkeit der sechsseitigen Säulen behauene, aus civilisirten Ländern dorthin geschaffte Steine erblicken zu müssen. — Dr. A. Wichmann in Leipzig hat Scherben des Basaltes mikroskopisch untersucht, und sie hinsichtlich der Zusammensetzung und Struktur dem Basalte des Siebengebirges ungemein ähnlich gefunden.

Cheyne behauptet aus Mangel an Fachkenntniss, dass das Material sich auf der ganzen Insel nicht vorfände.

Mauern. Von einem Bindemittel, einer Art Mörtel oder Cement ist keine Rede. Die Construction zeigt deutlich, dass die Dauerhaftigkeit des Baus lediglich auf der Schwere der kreuzweise auf einander geschichteten Säulen beruht, und wenn auch an manchen Stellen beschädigt, so sind die Bauten doch im Ganzen gut erhalten und in ihrer Anordnung und Bestimmung leicht zu übersehen. Nach Kubarys Ansicht stellt sich die ganze Anlage von Nanmatal deutlich als ein Wasserbau dar, welcher im Verhältniss zur Wasser-Oberfläche keinen sichtbaren Veränderungen unterlag.*) Das Ufer von Tauacz ist stets dasselbe geblieben, und auch die flache Ebene zwischen

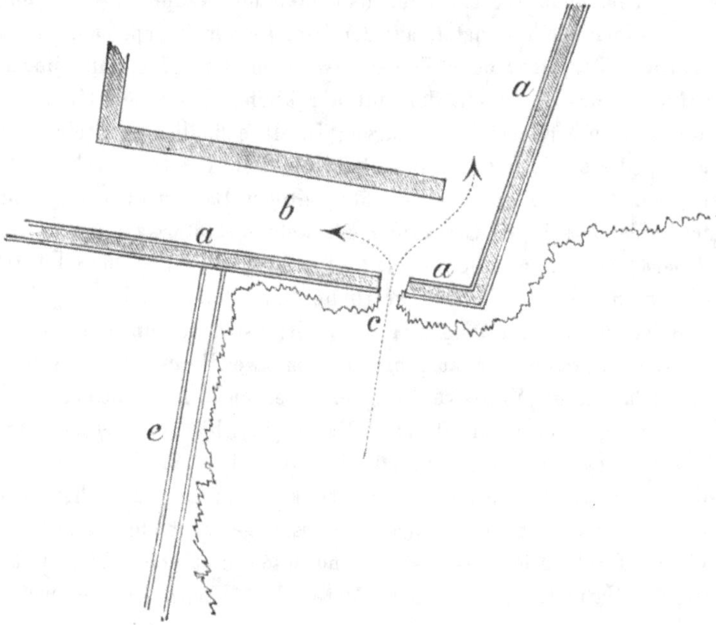

No. 1.

ihm und der Aussensee steht heute ebenso wie zur Zeit des Baus unter Wasser. Den Beweis dafür liefert neben der Tradition die Anlage selbst. Die Höhe der Steininseln nämlich ist eine solche, dass ein Canoe bei Hochwasser gerade bequem anlegen kann um Personen zu landen; auch sind die Kanäle überall gleich tief, bei Ebbe fast trocken, bei Fluth einen

*) Gulick theilt Kubarys Ansicht, indem er sagt: I am well satisfied the structures maintain very nearly, if not exactly, the same relation to the ocean they did on their first erection. There is not, that I find, any evidence of accumulating sands about their bases, as would be the case had there been a subsidence. And again, the habits of the people would lead them to select just such a submerged position for the easier ingress and egress of their canoes, to wich they are so attached as vehicles of travel.

Faden tief. Um als Fundament für Häuser zu dienen, sollten sich die Steinbauten nur eben über dem Wasser erheben. Man baute unter Benutzung der oft schon vorhandenen regelmässigen Basaltblöcke eine gegen 5 bis 6 Fuss hohe, einen viereckigen leeren Raum einschliessende Mauer (Figur 2) und füllte den leeren Raum mit von dem dicht anliegenden Riffe geholten Corallenblöcken. Die Oberfläche pflasterte man dann in der Regel mit Basaltsäulen und erzielte so eine gegen Ueberschwemmung geschützte künstliche Plattform. — Die beiden eckigen Vorsprünge der nach Osten vorgeschobenen Bauten (Figur 1) treten dicht an den Rand der ganzen basaltischen Unterlage, welche in Form eines Flachlandes das Ufer der ganzen Insel Ponapé umgiebt. Gleich an das tiefe Wasser der offenen See grenzend, bedurfte die Wasserstadt hier eines Schutzes gegen die Wogen und fand diesen in der Errichtung eines 10 Yards breiten und fast ebenso hohen Walles. Dieser Wall resp. Mauer, auf dem Holzschnitt No. 1 mit **a a a** bezeichnet*), hat einen absichtlichen Eingang **c**, durch den die Canoes geschützt gegen die an der Ostseite hoch brandende See in den flachen Hafen **b** gelangen konnten. Durch dasselbe Thor dringt das Wasser auf zwei Wegen, einem nordwestlichen und einem südwestlichen, in die Canäle der Stadt.

Wie bekannt theilt Darwin die Südsee in drei geologische Gebiete ein, nämlich 1. in eine Erhebungsfläche, welche im Westen von den Salomon-Inseln und den Neu-Hebriden begrenzt wird; 2. in eine Senkungsfläche, welche ihre Begrenzung in einer Linie findet, welche vom Paumotu-Archipel aus in nordwestlicher Richtung den Stillen Ocean durchschneidet und die Carolinen-Gruppe einschliesst und 3. in eine Fläche, wo Senkungen und Hebungen gleichzeitig constatirt werden. Letzteres Gebiet liegt in der Mitte von den beiden ersteren und umfasst hauptsächlich die Samoa-, Tonga- und Viti-Inseln. Als Beweis für die Senkung einer Insel innerhalb der Senkungsfläche wird von Darwin sowohl wie von Dana die Insel Ponapé mit ihren Ruinen angeführt. Dana sagt in seinem Werke »Corals and Coral-Islands« pag. 330 wörtlich: The Island

Durchschnitt einer niedrigen Insel.

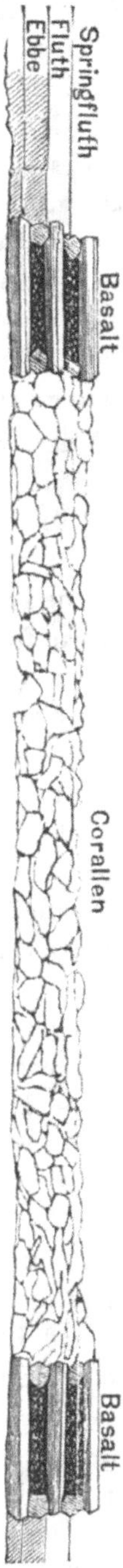

No. 2.

*) Die Mauer e ist unvollendet.

of Ponapé, in the Caroline Archipelago, affords evidence of a subsidence in progress, as Mr. Horatio Hale, the Philologist of the Wilkes' Expediton, gathered from a foreigner who had been for a while a resident on this island. Mr. Hale remarks, after explaining the character of certain sacred structures of stone: »It seems evident that the constructions at Ualan and Ponapé are of the same kind, and were built for the same purpose. It is also clear that when the latter were raised, the islet on which they stand was in a different condition from what it now is. For at present they are actually in the water; what were once paths are now passages for canoes, and as O'Connell (his informant) says, »when the walls are broken down, the water enters the enclosures.«

Weit davon entfernt die Eintheilung Darwins beeinträchtigen zu wollen, gilt es hier nur das angeführte Beispiel als nicht stichhaltig bemerkt zu sehen. Die von Kubary constatirten thatsächlichen Verhältnisse im Verein mit der später zu erörternden Tradition streiten dagegen. Kubary ist sogar eher geneigt eine Hebung als Senkung Ponapés anzunehmen und findet eine Bekräftigung seiner Ansicht in dem Umstand, dass sich der westliche Rand von Nanmatal genau an die Insel Tauacz anlehnt, etliche Vierecke auf derselben trocken liegen, die Canäle ferner nur flach sind und todte, durch Wasser angeschwemmte Corallen-Anhäufungen nicht haben, dagegen einzelne todte am Grunde befestigte Corallen aufweisen, welche aller Wahrscheinlichkeit nach einst auf derselben Stelle lebten, als das Wasser noch tief genug war.

Von den ca. 80 Ruinen sind drei Viertheile niedrige, aus Basaltblöcken aufgeführte, anscheinend nur als Unterbau für Häuser in Aussicht genommene Inseln; der Rest hat noch weitere Bauten auf der Oberfläche. Zu letzteren gehören vor Allem: *) 1. Nangutra, 2. Itel, 3. Naumorlosaj, 4. Lukoporin, 5. Legineongair, 6. Limenekau, 7. Nanpulak, 8. Kapuned, 9. Nan Tauacz. Alle diese Bauten haben in der Mitte des umschlossenen Raumes ein aus Basaltsäulen aufgeführtes Gewölbe, welches sich als eine Gruft zur ebenen Erde darstellt. Obgleich dieselbe sehr sorgfältig mit Basaltsäulen verschlossen ist, kann man doch den Eingang leicht erkennen. Die von Kubary untersuchten Grüfte waren sämmtlich mit Corallen angefüllt. Ueberall fand er Ueberreste von Menschenknochen und sehr primitive Schmuckgegenstände (Arm- und Halsbänder), Geräthschaften (Steinäxte) u. dgl. Besonders stark vertreten waren die am Schlosse durchbohrten, als Brustschmuck benutzten Schaalen einer Spondylus-Art, welche in grosser Anzahl den Todten mit in's Grab gegeben ein besonderer Ausdruck der Pietät gewesen zu sein scheint. Zu kleinen dreieckigen Platten ausgeschliffen, wird diese Muschel

*) Siehe Tafel 2.

auch jetzt noch zur Verzierung des Gürtels benutzt. Auch die heute sehr hoch geschätzten und als wirkliches Geld betrachteten, zum Schmücken der Gürtel und Kopfreife benutzten runden, in der Mitte durchlöcherten Scheiben fand er in den Gräbern. Aus dem Vorhandensein mehrerer Unterkiefer und Stirntheile in ein und derselben Gruft schliesst Kubary auf Familiengräber und aus der Existenz von nur 13 besonders ausgezeichneten Gräbern mit Knochen-Behältern folgert er, dass wir es ausschliesslich mit Königs- resp. Häuptlingsgräbern zu thun haben.

Das bedeutendste, am vollständigsten erhaltene Grab ist das im Holzschnitt No. 3 im Grundriss wiedergegebene Nan Tauacz, in welchem die Könige von Matalanim bestattet wurden.

Auf einer 5 bis 6 englische Fuss hohen, 242 Fuss langen, 210 Fuss breiten, mit Basaltsäulen ausgekleideten viereckigen Plattform befindet sich ein 212 Fuss langes und 181 Fuss breites Mauerviereck von 25 bis 32 Fuss Höhe, dessen Wände 10 Fuss dick sind. Dieses Viereck hat auf seiner vorderen Seite in der Mitte einen offenen, nicht überwölbten, 14 Fuss breiten Eingang. Innerhalb dieses Vierecks liegt ein zweites Viereck von nur 15 Fuss Höhe, 100 Fuss Länge und 80 Fuss Breite, dessen Wände 6 Fuss dick sind und ebenfalls in der vorderen Seite einen 10 Fuss breiten offenen Eingang hat. An die inneren Seiten beider Mauern sind 5 Fuss hohe und 5 bis 10 Fuss breite Terrassen angebaut, welche entweder wie in dem inneren Raume längs der ganzen Wand entlang laufen, oder wie in dem äusseren Raume stellenweise unterbrochen sind. Auf der inneren Seite der linken oder nördlichen Wand fehlt diese Terrasse auf einer Strecke von 80 Fuss, auf der inneren Seite der rechten Wand von 40 Fuss. Das innere Viereck hat auf der hinteren Seite eine 18 Fuss breite Terrasse (H), welche sich bis zur Mitte der rechten Wand herum erstreckt, hier aber nur 15 Fuss breit ist; dann fehlt sie der äusseren Wand entsprechend auf 40 Fuss Länge und beginnt wieder mit 11 Fuss Breite dicht an der Südwest-Ecke und zieht sich der ganzen vorderen Seite des kleinen Vierecks entlang hin. Der äussere Raum wird durch 4 Querwälle (L) von 5 Fuss Höhe, von denen die beiden vorderen in der Mitte durchbrochene Eingänge (M) haben, in 4 von einander getrennte Räume getheilt, so dass Nan Tauacz aus folgenden 5 Abtheilungen besteht:

1. Vorraum nach dem Westen.
2. Nördlicher Raum.
3. Hinterer (östlicher) Raum.
4. Südlicher Raum.
5. Mittlerer Raum.

Die bisher erwähnten Wälle oder Mauern sind aus regelmässigen fünf- oder sechsseitigen Basaltsäulen erbaut, von denen die grössten zu unterst liegen. Die obersten Säulen sind durchweg bis 5 Fuss lang, so dass sie in die Quere gelegt die Dicke der inneren Wand bedingen. Die schwächsten Säulen haben einen Durchmesser von 6 Zoll, einen Inhalt von mindestens 1312 Cubikzoll und wiegen circa 132 Pfund. Die zu unterst auf der Höhe von 5 bis 6 Fuss liegenden Säulen sind 12 bis 14 Fuss lang; ihre sechsseitige Endfläche misst 360 Quadratzoll und ihr Gewicht beträgt 7612 Pfund. Auf welche Weise es den Insulanern möglich war,

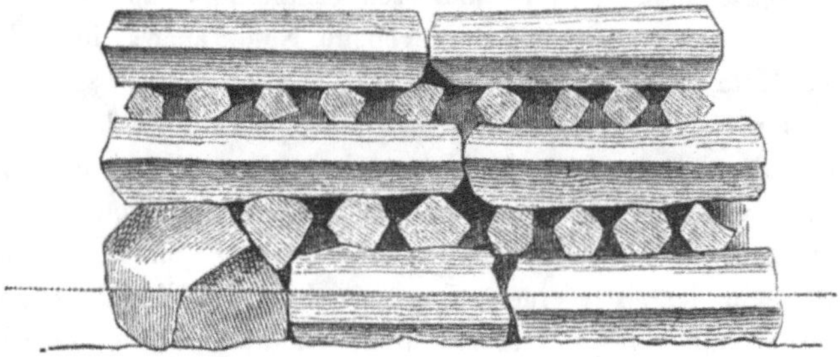

No. 4. **Theil einer Mauer aus der NW. Seite der zweiten Paralelle.**

diese enormen Lasten auf eine immerhin beträchtliche Höhe zu bringen, bleibt räthselhaft, denn die heutigen Eingeborenen wissen nichts davon und haben die Ruinen in dem gegenwärtigen Zustand überliefert bekommen. Das schräge, nach Innen abfallende Streichen der oberen Basaltlagen deutet darauf hin, dass man die Steine mittelst einer schiefen Ebene hinaufbrachte. Gebrochen wurden die Säulen aller Wahrscheinlichkeit nach in dem Nut-District, wo noch heute tiefe Thalspalten derartige Basaltsäulen zu Tage treten lassen; von hier aus sollen sie auf Flössen nach Nanmatal transportirt worden sein.

Zurückkehrend zu den Räumen von Nan Tauacz finden wir in jedem der drei mittleren ein Gewölbe aus Basaltsäulen. Das mittelste ist am grössten und höchsten und liegt mit dem Boden der Gruft unbedeutend unter der Oberfläche des Raumes selbst. Die Gruft ist viereckig, 12 bei 10 Fuss weit und 7 Fuss hoch; sie ist ausgelegt mit Basaltsäulen, hat auf der westlichen Seite einen mit Säulen leicht verbarrikadirten Eingang, welcher ebenso wie die aus parallel neben einander gelegten grossen Säulen bestehende Decke, durch die einen halben Fuss grossen Zwischenräume, der Luft und dem Lichte Eintritt gewährt. Das Gewölbe erhebt sich von allen Seiten in drei aus regelmässigen Säulen mit dazwischengeschobenen Corallen und Muscheln erbauten Stufen, wie es aus dem Holzschnitt N. 5 zu ersehen ist. Die beiden seitlichen Gewölbe sind kleiner und nicht so hoch. Auf der hinteren

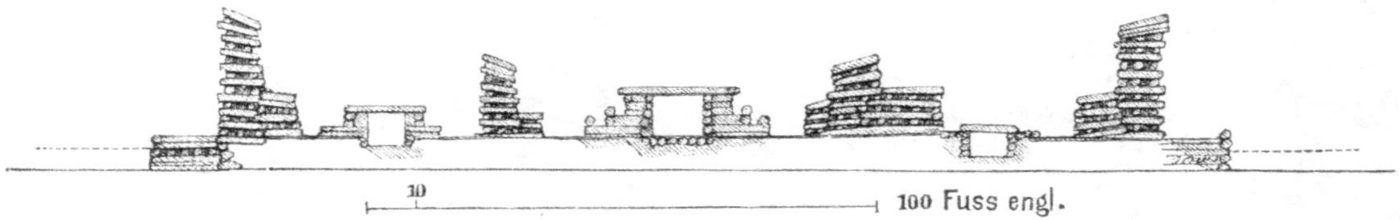

Verticaler Querdurchschnitt.

No. 3. **Grundriss der Königsgräber von Nan Tauacz.**

A. Haupt-Eingang.
B. Aussen-Terrasse.
C. Aussenmauer, in welcher bei O auf beiden Seiten niedrige Eingänge sind.
O_1. Eingang zu dem südlichen Gewölbe.
O_2. Eingang zu dem Vorderraume.
D. E. G. Die drei Gräber enthaltenden Räume.
H_1 u. H_2. Niedrige Terrassen; an die beiden Ringmauern angelehnt.
J. Innere Mauer.
P. Terrasse im mittleren Raume.
K. Eingang zum Mittelraume.
L. Niedere Wälle.
M. Eingänge im niedrigen Wall.
N. Grab.
F. Hinterraum.

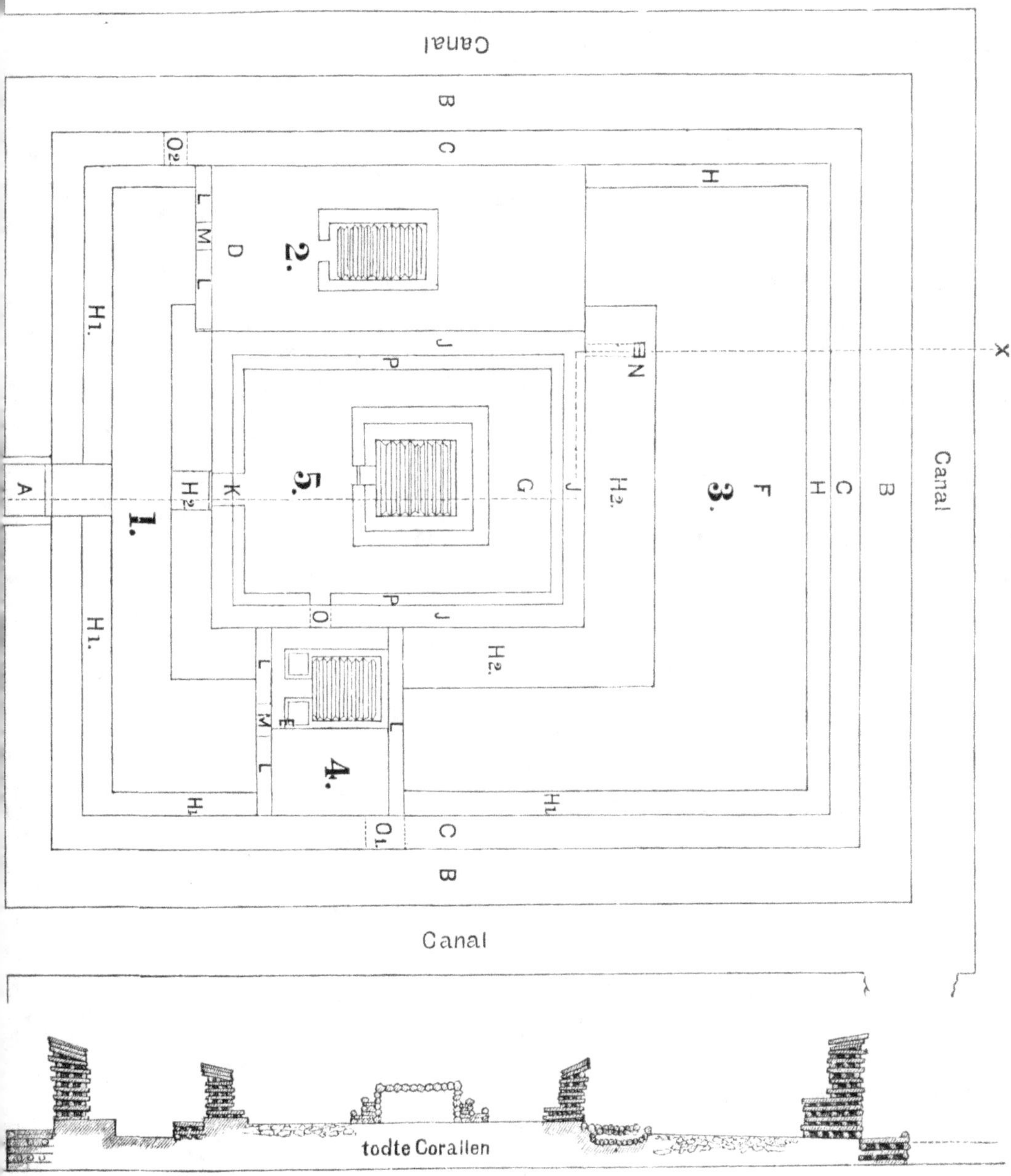

Verticaler Längsdurchschnitt nach der Linie XX.

Terrasse in dem hinteren Raume liegt ein Grab *) ohne erhabene Ueberdachung und es ist wahrscheinlich, dass sich noch viele der Art vorfinden. Da aber der ganze Bau mit fast undurchdringlichem Gebüsch und Geröll bedeckt ist, so hält es schwer, dieselben aufzufinden.

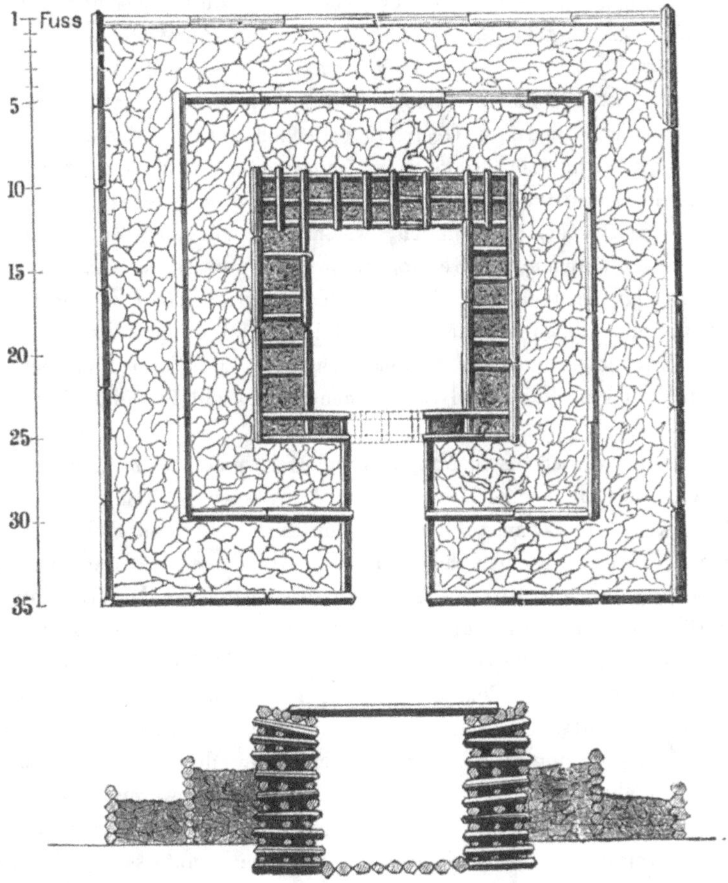

No. 5. **Grundriss und Durchschnitt des Hauptgewölbes von Nan Tauacz.**

Nan Tauacz ist im Allgemeinen gut erhalten; der Einfluss der Zeit konnte sich bei so hartem Material nur wenig bemerkbar machen, und wenn auch die äussere Mauer an einigen Stellen auf wenige Fuss niedergebrochen ist und dadurch Breschen entstanden, so ist es doch leicht sich diese Lücken ausgefüllt zu denken. Als Beleg für die Stärke nnd das Alter der Unterlage möge die Thatsache dienen, dass auf der Decke des grossen

*) Im Holzschnitt No. 3 mit N bezeichnet.

Gewölbes ein drei Fuss im Durchmesser habender mehrstämmiger Brodfruchtbaum genügenden Halt fand. Seine Wurzeln umfassen den hinteren Theil der Decke und vertiefen sich zwischen den Spalten in die innere Gruft. Auf der Zinne der äusseren Mauer an der nördlichen Ecke wächst ein Banyan-Baum (ficus indica), der hoch in die Lüfte ragt und mit seinen Hunderten von Wurzeln die ganze Höhe der Mauer umflochten hat. Durch die Luftwurzeln, welche in die Erde dringend einen Wald von Sprösslingen hervorriefen, ist es unmöglich den Zutritt zu gewinnen. Banyan, Brodfrucht, Cocospalmen und niedriges Gestrüpp bedecken übrigens das ganze Terrain. Eine gewisse Unregelmässigkeit im ganzen Bau von Nanmatal, so die verschiedene Breite und Höhe der einzelnen Terrassen, berechtigt verschiedene Erbauer (Baumeister) anzunehmen, welche auf einander folgten und ihre respectiven Meinungen zur Geltung zu bringen gewusst haben. Kubary ist ferner geneigt anzunehmen, dass Nan Tauacz viel später erbaut wurde als die Werke der ersten Parallele und schliesst dies daraus, dass die kleinen in Nan Tauacz gefundenen runden Scheiben, Muscheln und Perlmutterschaalen *) viel zierlicher und vollkommener ausgeschliffen sind, als diejenigen anderer Gräber.

Um den Bau der Inseln Nangutra und Itel verstehen zu können, scheint es zweckmässig, hier eine Beschreibung der ursprünglichen und noch heute in Roan Kitti auf Whana üblichen heidnischen religiösen Gebräuche einzuschalten. Wenn dieselben augenblicklich in Folge der Bemühungen der Missionaire, »durch Vergessen alter heidnischer Institutionen die Gemüther der Natives der neuen Religion zugänglicher zu machen,« auch nur noch in Roan Kitti geübt werden, so sind sie doch nicht wegzuleugnen. Die heidnische Religion Ponapés wurde nur von den Häuptlingen und deren Auserwählten cultivirt. Letztere bildeten eine Gesellschaft von mehr oder weniger eingeweihten Mitgliedern, welche alle den Namen »Dziamarou« führten. Während die Häuptlinge eo ipso Mitglieder waren, wurde von den Dziamarous ein Nachweis der Befähigung innerhalb einer mehrjährigen Probezeit verlangt. Dieser Nachweis bestand in Kenntniss der Sprache der Gesellschaft, welche nicht die Volkssprache war; ferner im Kennen und Können der Gebräuche, gewisser Ceremonien und Gebete. Wem dies in zwei oder drei Jahren nicht geläufig geworden war, der wurde ausgeschlossen. Die Dziamarous versammelten sich ein Mal im Jahre auf einem geheiligten Platze, wo die im letzten Jahre Zugelassenen ihre volle Weihe empfingen und ausserdem neue Lehrlinge eingeführt wurden. Der Versammlungsplatz hiess »Puel dzieraui«, war mit Steinwällen umgeben und der Zutritt allen Uneingeweihten bei Todesstrafe untersagt. Auf dem Platze war ein Haus,

*) Die Perlmutterschaalen erkannte Kubary als Theile von Fischhaken.

in welchem sich die Kapadz dziamarou«, i. e. die Versammlung der Auserwählten, zu ihren geheimen Sitzungen einfand. Die Gesellschaft theilte sich in verschiedene Grade, deren höchster, »Mondziap«, in Roan Kitti durch den König und die nächsten Häuptlinge repräsentirt war. Jeder District hatte seine abgeschiedene Brüderschaft. Das äussere Zeichen eines

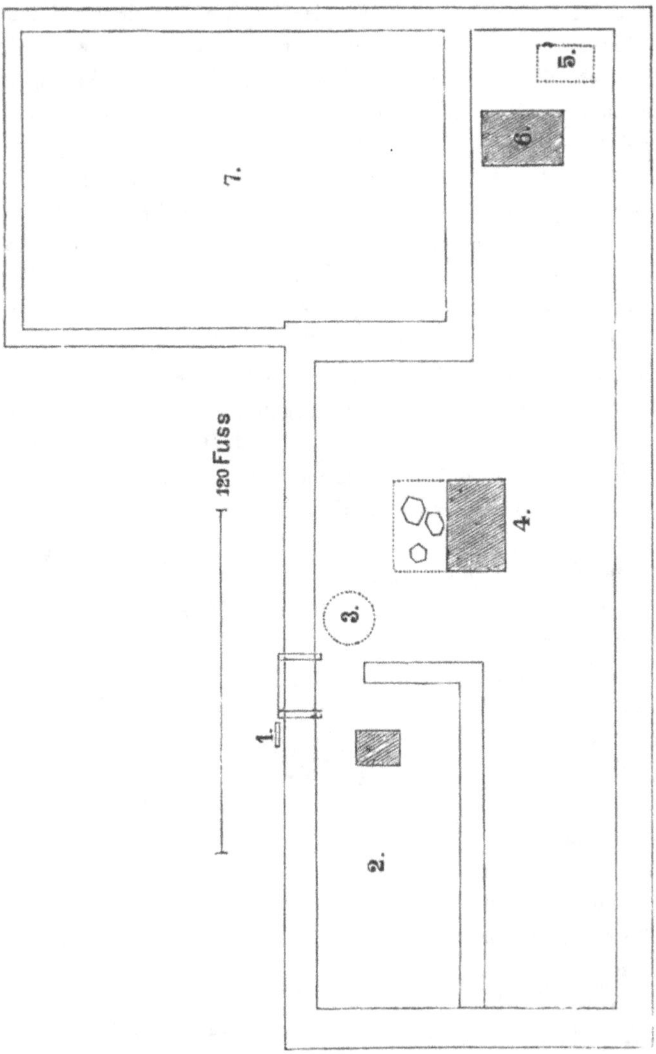

No. 6. **Grundriss von Nangutra.**
(No. 5: Platz wo die Könige (Idziabaus) früher begraben wurden.
No. 6: Spuren eines vom Sturm umgeworfenen Hauses.)

Mitgliedes war langes Haar, das nie abgeschnitten, sondern blos abgesengt sein durfte. Wenn einer der Brüder starb, ward allen Mitgliedern mit Ausnahme der beiden höchsten Mondziaps das Haar abgesengt. Beim Tode des obersten Dziamarou musste der zweithöchste Mondziap sein Haar abschneiden; das oberste Mitglied war in keinem Falle zum Scheeren oder Sengen des Haares verpflichtet. — Ueber die geheimen Gebräuche ausführlich berichten zu können, ist Kubary leider nicht in der Lage, denn kein Dziamarou verräth die Geheimnisse. So viel konnte er indessen erfahren, dass in dem Versammlungshause gegessen, Kawa getrunken und von Jedem ein Becher der Gottheit geopfert wurde. Die Dziamarous des Districtes Matalanim hatten ihren Haupttempel in den Ruinen von Nanmatal und zwar auf der Jnsel Nangutra, wo sie ein Mal im Jahre, Ende Mai oder Anfang Juni, zusammenkamen und das Fest »Arbungelap« feierten. Zu dem Zwecke begaben sich alle Eingeborenen des Districtes nach Kuffiner, einem Platze in der Bucht von Matalanim.*) Alle im verwichenen Jahre verfertigten Canoes wurden an diesem Tage in's Wasser gelassen, um die Weihe zu empfangen; nur ein für die Gottheit bestimmtes Fahrzeug wurde unbenutzt in dem Hause des Königs aufgehängt. Nachdem man in Kuffiner mit religiösen Tänzen und Kawatrinken die Vorfeier begangen, begab sich die ganze Menge unter Gesang und Wettrudern nach Nangutra, (siehe Holzschnitt No. 6.) wo der König seinen Speer an einem länglichen, noch heute beim Eingange befindlichen Stein (1) aufpflanzte. Die niedere Klasse begab sich sodann in den linken abgegrenzten Raum (7), die Häuptlinge aber und Dziamarous setzten sich um die Kawa-Steine vor dem Gotteshause (4) im mittleren Raume. Auf der rechten Seite (3) wurde Nahrung als Opfer für den Gott resp. Geist aufgehäuft. Alsdann wurde Kawa gestossen und der erste Becher, wie es auch heute noch Sitte ist, dem Gotte, die beiden folgenden seinen zwei Priestern dargebracht.**) In das Gotteshaus durfte Niemand anders als die beiden Zauberer des Königs, Nangleim und Manabus, hinein. Nach dem Kawa-Opfern begab man sich nach der Insel Itel, wo der riesenhafte vergötterte Seeaal innerhalb einer 5 Fuss hohen und 4 Fuss dicken Mauer (2) leben sollte. Auf einem Steinhügel (1) wurde alsdann eine Schildkröte getödtet und deren Eingeweide auf eine gepflasterte Stelle (3) in der Behausung des Aales hingelegt.

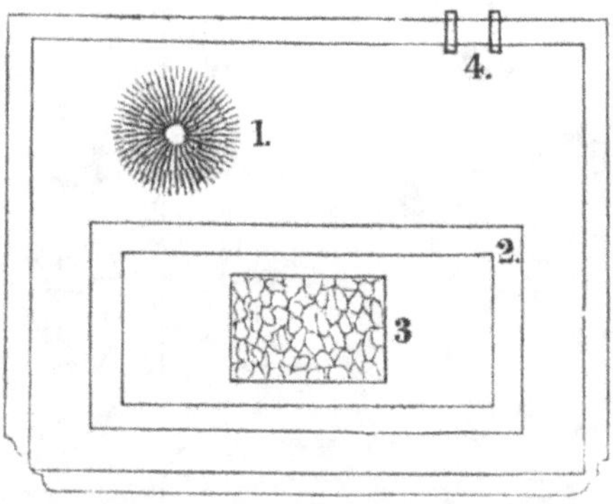

No. 7. **Grundriss von Itel.**

*) Die Ehefrauen der Häuptlinge waren nicht anwesend, weil es den Männern der niedrigsten Klasse bei Todesstrafe verboten war, dieselben anzusehen.

**) Auf Ponapé wird die Kawa-Pflanze gestossen, während auf anderen Inseln der Südsee die Frauen sie kauen müssen.

Soweit die Beschreibung der Ruinen. Kubary glaubt nun unter Hinzuziehung der Tradition zu folgenden Schlüssen berechtigt zu sein:

1. Die Steinbauten von Nanmatal sind von einer der heutigen Ponapé-Bevölkerung verschiedenen Race aufgeführt! Denn die Tradition besagt, dass auf der Insel Nangutra der letzte König der ursprünglichen Race, Dziautoloa, lebte. Er selbst residirte in der Steinstadt, während das Volk auf der Hauptinsel lebte und den Herrscher unterhalten musste. Da landete eines Tages ein Fremder mit Namen Idzikolkol auf der kleinen südlich von Nanmatal belegenen Insel. Er kam von den circa 10 Seemeilen westlich von Ponapé gelegenen Ant- oder Andema-Inseln, und befürchtend, dass Nanmatal zu stark bevölkert sei, hielt er es für gerathen, umzukehren. Ein erneuerter Landungsversuch in Matalanim gelang und von den schwachen Streitkräften Dziautoloas durch ein Weib unterrichtet, war er glücklich genug, den König bis auf die hohe Insel zurückzudrängen, ja selbst zu tödten. Dieser Idzikolkol ist der Gründer der heutigen Ordnung und die Idzibaus von Matalanim sollen seine Nachfolger sein.
2. Die Erbauer Nanmatals gehörten zur schwarzen Race und die heutige Bevölkerung Ponapés ist eine Mischlings-Race.

   Der Beweis liegt in Folgendem. Bei den Ausgrabungen in den drei Grüften von Nan Tauacz und in den vordem unberührt gewesenen Gräbern auf Naumorlosaj und Lukoporin fand Kubary zwischen Menschenknochen vier Schädeldeckel, welche deutlich zeigen, dass die Schädel dolichocephal oder doch einer vermittelnden Form von Kurz- und Langschädeln entsprechend waren. Die Differenz zwischen einem alten ausgegrabenen und einem Schädel der jetzigen Race ist folgende:

   Ausgegrabener Schädel: Länge 181 Mm., Breite 127 Mm., Gesichtswinkel unbekannt.

   Heutiger Native-Schädel: Länge 170 Mm., Breite $135\frac{1}{2}$ Mm., Gesichtswinkel 76° 30.,
3. Die Ruinen Ponapés können keinen Beweis für die Senkung der Insel abgeben, sondern zeigen auf's Evidenteste, dass sie Ueberreste eines Wasserbaues sind.
4. Die vielfach geäusserte Ansicht, die Ruinen seien Ueberreste von spanischen Piraten erbauter Festungswerke, entbehrt jeglichen Halts. Das Auffinden einer spanischen Kanone im Jahre 1839 durch H. M. S. Larne beweist weiter nichts, als dass die Nachricht von dem Scheitern eines grossen Schiffes auf der Ant-Insel, lange vor der Wiederentdeckung der Seniavin-Inseln durch Admiral Lütke 1828 begründet ist und dass wahrscheinlich eine am Bord gewesene Kanone von dort nach Roan Kitti gebracht wurde.

Druck von Ackermann & Wulff.

PLAN
der
RUINEN VON NANMATAL
auf der Insel Ponapé,
von
J. Kubary.
1874.

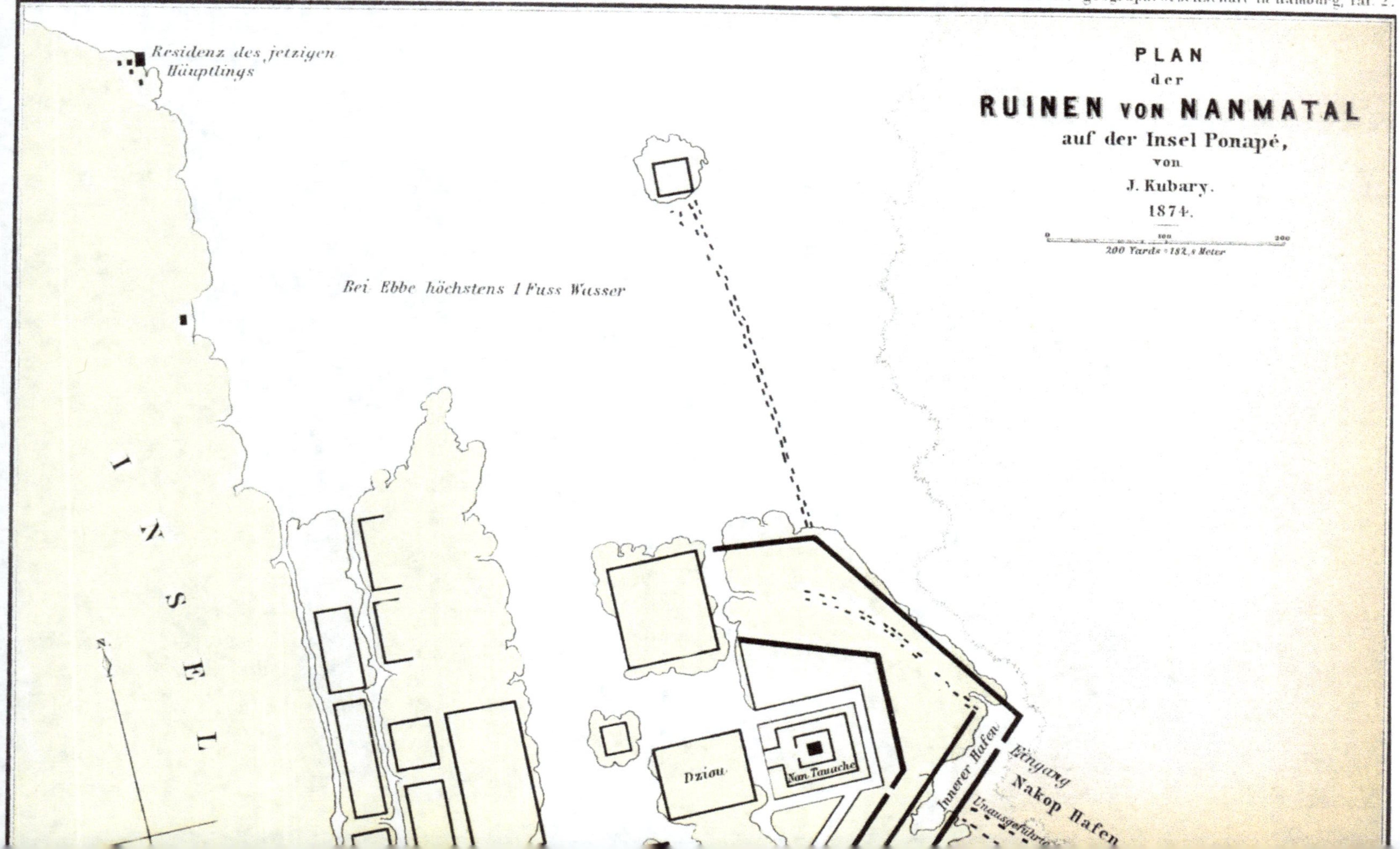

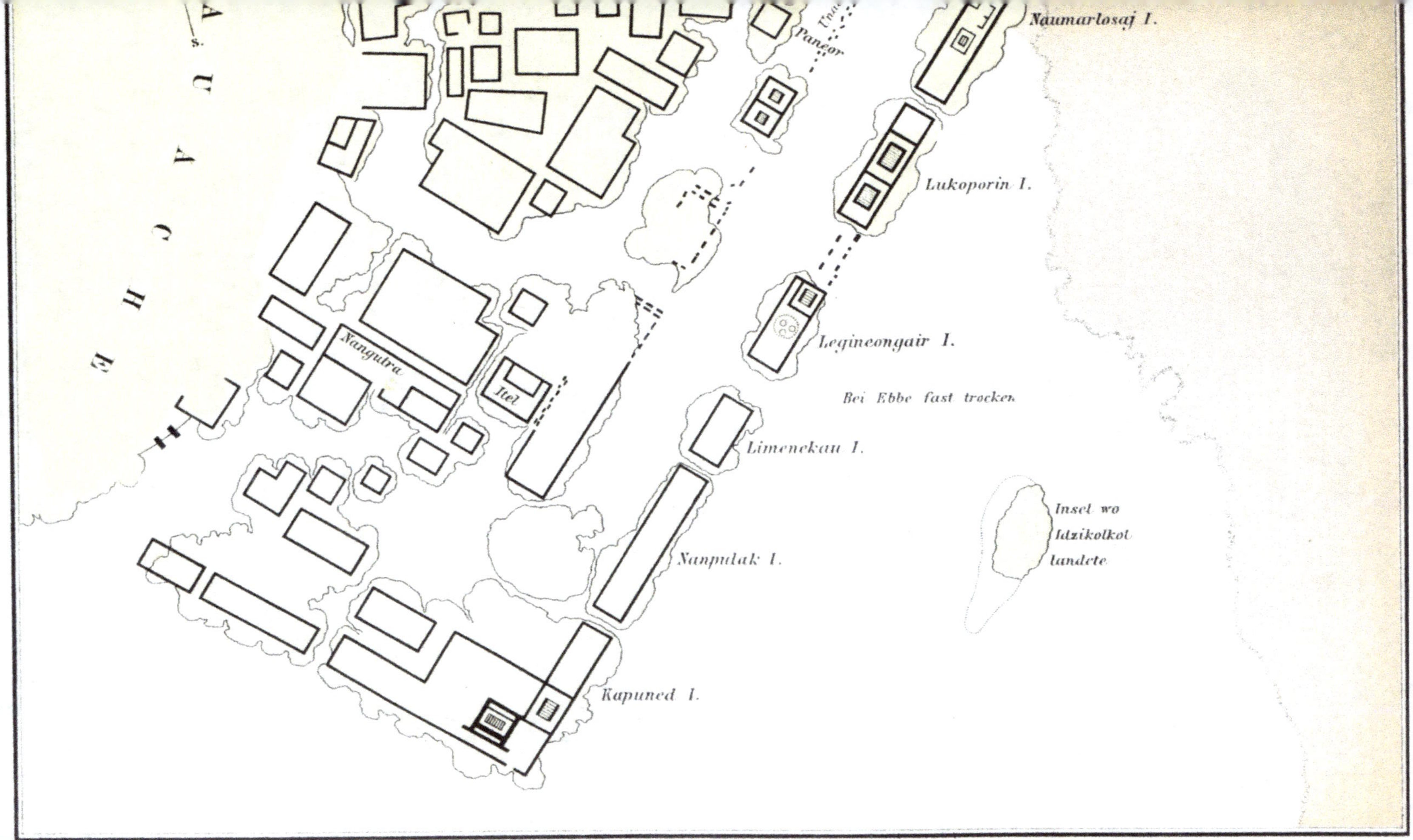

Hamburg: L. Friederichsen & C°.

www.ingramcontent.com/pod-product-compliance
Lightning Source LLC
LaVergne TN
LVHW021544021026
849161LV00005BA/1022